AF308868

OBSERVATIONS

SUR LA LIBERTÉ

DU COMMERCE

DES GRAINS.

Qui seminat in lacrymis, in exultatione metet.

A AMSTERDAM,

Et se vend à Paris,

Chez { MICHEL LAMBERT, Libraire-Imprimeur, rue de la Comédie.
HUMBLOT, Libraire, rue du Foin.

M. DCC. LIX.

AVERTISSEMENT.

L'Auteur de ces *Observations* étant prêt de donner au Public un Ouvrage *sur l'emploi des hommes*, dans lequel il fait voir combien l'agriculture est préférable à toute autre maniere de les employer ; il a cru nécessaire de faire précéder cet Ouvrage par les observations suivantes, qui ont pour objet un des principaux moyens de favoriser l'agriculture & de la rendre utile ; sçavoir la liberté du commerce des bleds.

OBSERVATIONS.

LE cultivateur gêné par les Réglemens , craint de confier à la terre
une femence qui dans une année
ftérile lui coûte cher , & qui dans
la plus fertile , ne lui produira qu'u-
ne abondance onéreufe. Si on le
laiffe maître de difpofer des productions de fon champ , il en tirera le
parti le plus avantageux. Vraiment
riche alors par l'abondance , il ne né-
gligera aucun moyen de fe la procurer. C'eft le défaut de liberté dans
le commerce du bled , qui , par les
variations exceffives qu'il occafionne

A

dans le prix de cette denrée si nécessaire, ruine le cultivateur & le
consommateur. Comment en effet un
fermier qui a peu d'avance, & qui
est obligé de vendre chaque année sa
récolte pour payer le propriétaire,
les impositions & toutes les dépenses de sa ferme, comment un tel homme peut-il se soutenir, lorsqu'il ne
vend le bled que 10 à 12 livres le
septier ? il lui revient à près de
15 livres.

Comment, d'un autre côté, un
malheureux journalier peut-il trouver dans le produit de ses journées
dequoi fournir assez de pain à une famille nombreuse, quand le même
septier de grain monte à 30 & 40 liv.
le prix des journées n'augmente pas
lorsque le bled hausse de prix, ce
qui seroit cependant nécessaire, pour
que le journalier pût trouver dans

son salaire, qui est son unique ressource, dequoi fournir à sa subsistance & à celle de sa famille ; le prix
du travail diminue au contraire ;
parce que la cherté du bled im-
pose à une plus grande quantité
d'hommes la nécessité de travailler.
Que l'on interroge les maîtres ouvriers de tous les métiers, les fabri-
quans de toute espece , & enfin tous
ceux qui font travailler ; ils dépose-
ront qu'ils ne trouvent que très-diffi-
cilement des ouvriers quand le pain
est à bas prix , & qu'ils en font
accablés quand il devient plus cher.
Peu d'hommes travaillent quand le
bled est à bon marché ; l'ouvrier
gagne en trois jours dequoi vivre
toute la femaine : alors le fermier
se ruine , le journalier perd l'habi-
tude du travail , & l'industrie languit.
Quand le bled devient cher , tout

le monde eſt forcé de travailler ; & cette concurrence de travaux baiſſe tellement le prix de la main d'œuvre, que l'ouvrier ne peut plus trouver dans ſon travail dequoi ſubvenir aux néceſſités les plus urgentes de la vie : d'où il réſulte que le point auquel on doit tendre , eſt d'éviter également & la non-valeur & la chereté. C'eſt le moyen le plus ſûr d'empê- cher la ruine d'une infinité de famil- les, ſurtout dans les campagnes , & de leur inſpirer l'amour du travail. Il n'eſt point d'homme qui ne s'y livre volontiers, quand d'un côté ce travail lui eſt néceſſaire pour vivre , & que de l'autre il trouve dans ſon produit dequoi fournir ſuffiſamment à ſes beſoins.

Quand le bled devient cher , il n'y a que ceux qui ont quelques reſ- ſources d'ailleurs ; qui puiſſent ſe tirer d'affaire avec le prix de leurs journées : tous ceux dont une nombreufe famille confomme tous les jours le gain dans des temps ordinaires, font contraints par la néceffité, dès l'inftant que ces temps deviennent plus difficiles, d'aller mendier, & d'employer à cette baffe & odieufe reffource un temps qui, s'il n'étoit rempli que par le travail, ne pourroit leur procurer les moyens d'acheter les chofes néceffaires à leur fubfiftance. La plûpart de ces hommes continuent de mendier lorfque les temps font devenus meilleurs, parce que malheureufement, quand une fois on a goûté ce genre de vie infâme, mais commode & facile, on ne peut plus retourner au ttavail : l'exemple du chef de famille entraîne avec lui tous ceux qui l'entourent, & les précipite dans l'abîme de la mendicité ; au lieu de trois bons ménages d'ouvriers, dans les campagnes, que cette famille auroit dû produire, le libertinage, suite naturelle d'une vie oisive, disperse les enfans, trop heureux encore quand ils ne sont qu'inutiles, & qu'ils ne deviennent pas par leurs crimes l'objet de la sévérité des Loix. C'est ainsi que les Villages se dépeuplent, & que des hommes qui devroient faire la force d'un Etat, en deviennent le fardeau.

La liberté entiere du commerce du bled, est le seul moyen d'en rendre le prix plus égal & plus uniforme, & de remédier par conséquent à un mal dont les suites sont si funestes. Sans le débit, l'abondance de nos productions les fait tomber en non-valeur, & cette non valeur qui ruine les fermiers & l'agriculture, diminue pour les années suivantes le

nombre d'arpens de terres enfemen-
cées en bled & les foins du cultivateur, parce que la perte qu'elle leur
occafionne les met hors d'état d'en
faire les frais : ainfi cette abondance
ne fert aujourd'hui qu'à nous procurer
une difette prochaine. Les revenus
d'un Royaume, ne font reglés que
par le prix des denrées qu'il produit,
& le prix de ces denrées n'eft foute-
nu que par le commerce avec l'Etranger : fans le commerce extérieur
d'exportation & d'importation, ce
prix fuit néceffairement les variations
de difette & d'abondance des récoltes dans les pays où les denrées croif-
fent, & ces variations font fouffrir à
l'Etat des cheretés & des non-valeurs
également ruineufes & inévitables.

Si l'on ne retrouve pas dans la
vente des productions de notre fol,
ou dans la fabrication des marchan-

dites , les dépenses ou les frais qu'il faut avancer pour leur production ou pour leur préparation , ce prix est ruineux pour l'Etat , parce qu'il oblige d'abandonner la production ou la fabrication d'une denrée qui seroit bornée à un tel prix : si par difette cette même denrée parvient à un prix onéreux au peuple , ce prix est chereté : le bon prix est celui où l'on retrouve les frais avec un gain suffisant , pour exciter les productions ou la fabrication de cette denrée.

Par un commerce libre & facile des grains entre différens Pays , les prix ne sont point sujets à de grandes variations , parce que les Pays qui éprouvent la difette par de mauvaises récoltes , sont approvisionnés par ceux que l'abondance de leur récolte surchargeroit s'ils n'avoient ce débouché. Ainsi par cette communi-

cation générale , & ces alternatives
fucceſſives & réciproques d'abondance & de difette , les prix des grains
reſtent toujours dans un état mi-
toyen chez tous les peuples réunis
par le commerce. Les motifs qui ont
autrefois déterminé le Gouvernement à reſtraindre & à aſſujettir à
des permiſſions le commerce de cette production de la terre font fans
doute reſpectables : mais ſi l'expé-
rience prouve que cette gêne met le
bled à très-vil prix quand les moiſ-
fons font abondantes , & les renchérit exceſſivement lorſqu'elles font
moins bonnes , on peut dire qu'elle
ne fert qu'à diminuer les foins de la
culture , qu'elle anéantit les revenus
des propriétaires , & qu'elle enleve
à l'Etat la premiere de toutes fes ref-
fources & le fond eſſentiel de fa population & de toutes fes richeſſes ;

A v.

ainſi nous avons lieu d'eſperer qu'un Gouvernement ſage , dont toutes les vues ſe portent au bien , adoptera le ſyſtême de la liberté de ce commerce.

Les avantages que retirent nos voiſins de cette liberté acheveront vraiſemblablement de l'y déterminer. L'Angleterre n'éprouve pas une diſette en 50 ans , & la France eſt expoſée tous les quatre ou cinq ans à des retours de diſette & de calamité.

Au lieu de monopoleurs que les permiſſions produiſent, ayons de véritables marchands de bled , & nous n'éprouverons jamais ces funeſtes alternatives : mais nous n'aurons ces marchands que quand une loi générale par-tout le Royaume , & revêtue de toutes les formes néceſſaires , leur aſſurera leur Etat & le ſuccès de leurs ſpéculations. Les permiſſions particulieres & momentanées d'exportation , que des amas de grains trop confidérables chez les laboureurs forcent quelquefois d'accorder , ne peuvent qu'enrichir quelques entrepreneurs, en leur donnant les moyens de faire ce que l'on appelle des *coups*, c'eft-à-dire , des fortunes fubites , qui ruinent les Provinces & affament le Royaume qu'ils dégarniffent totalement de grain. La concurrence des commerçans offre un coup d'œil bien différent : ils auront toujours foin de remplir leurs greniers , foit de bleds nationnaux foit de bleds étrangers , à mefure qu'ils fe vuideront : les greniers des marchands de bled feront donc d'une grande reffource en France , dans les mauvaifes années , pour les mois où l'on attend maintenant avec tant d'impatience la nouvelle récolte. Le grand

A vj

nombre de ces greniers, que l'intérêt personnel des marchands nous procurera, conservera en tous temps dans le Royaume une assez grande quantité de bled pour que la différence du prix de la meilleure année à la plus mauvaise n'aille pas à six livres par septier, ce qui ne feroit que 6 deniers par livre de pain. Les dangers & les frais de la garde du bled doivent rassurer sur la crainte des amas trop considérables ou gardés trop longtemps, sur-tout par des marchands qui ne les recoltant pas, sont obligés de les acheter avec un argent qu'ils cherchent dans toutes leurs opérations à placer de maniere à le revoir souvent. La maxime de tous les marchands est qu'il y a plus de profit à vendre souvent avec un leger bénéfice, qu'à attendre plus longtemps un bénéfice plus consi-

dérable mais qui eſt incertain. Le ſyſtême de ceux qui ſe mêlent aujour-
d'hui du commerce des bleds eſt
très - différent ; comme ils ſçavent
qu'ils ne peuvent gagner que dans
quelques circonſtances, critiques qui
ne reviennent que tous les trois ou
quatre ans ; ils ne ſont occupés que
des moyens de les rendre fréquen-
tes , & d'en tirer tout le parti qu'ils
peuvent. Si ces mêmes hommes pouvoient ſe faire un état du commerce
du bled , & qu'ils fuſſent les maîtres
de l'étendre auſſi loin qu'ils vou-
droient, pourquoi n'eſpérerions-nous
pas qu'animés, par rapport à ce commerce , du même eſprit qui anime
les autres marchands , ils ſe conten-
teroient d'un bénéfice honnête , &
qu'ils aimeroient mieux le répéter
ſouvent, que de courir des riſques ,
en voulant le porter trop loin. D'ail-

leurs une augmentation considérable
dans le nombre des marchands de bled,
qui fera une suite néceffaire de la liberté de ce commerce , ne permet-
tra plus entr'eux une intelligence fu-
nefte à la fociété , puifqu'elle n'a
pour objet que de mettre un prix ex-
ceffif à une denrée dont on ne peut
fe paffer ; intelligence qui n'eft que
trop fréquente parmi les gros fermiers de nos Provinces. Les marchands trouveront dans l'étendue de
leur commerce un bénéfice plus con-
fidérable que celui que les monopoleurs cherchent dans les difettes qu'ils
occafionnent. Les marchands ayant
toujours les yeux ouverts fur le prix
des grains tant nationnaux qu'étrangers , ils feront perpétuellement occupés à en tirer du Pays où il fera
à bon marché , pour le porter dans
celui où il fera un peu plus cher ;

ainſi le prix du bled ſera à peu près le même dans toute l'Europe. Vainement craindroit-on que la France ne ſe trouvât affamée par les exportations chez l'Etranger : tout le commerce du grain en Europe ne va pas à douze millions de ſeptiers , année commune. Dantzick eſt le port d'où les Hollandois tirent la plus grande partie de celui qu'ils commercent. La Barbarie , la Sicile , Hambourg en fourniſſent conſidérablement : les Colonies Angloiſes , ſurtout la Nouvelle York , & la Penſilvanie augmentent tous les jours leur culture , & fourniſſent beaucoup de grains : ainſi ce ne ſeroit qu'après pluſieurs années pendant leſquelles notre culture augmenteroit , & après bien des ſoins de la part de nos marchands , que nous pourrions parvenir à fournir trois ou quatre millions de ſeptiers dans le commerce étranger des grains. Nous verrons par la suite de ce Mémoire , que cette exportation ne peut nuire à l'approvisionnement de la France , & combien même il seroit à souhaiter qu'elle pût aller plus loin. L'étendue de notre sol semble nous le promettre ; si la culture est encouragée , l'immensité des récoltes qu'un terrein si étendu peut produire , nous mettra en état de donner le bled dans le commerce général de l'Europe à quarante sols par septier meilleur marché que l'Angleterre , & de ruiner par-là son agriculture , à l'augmentation de laquelle elle doit l'accroissement total de sa puissance. S'il est vrai que la maniere la plus avantageuse de combattre les Anglois soit de leur enlever des branches de commerce , & de faire évanouir par-là leurs grands projets, quel avantage ne tirerons-nous pas de notre commerce extérieur des grains qui en peu d'années anéantira celui de l'Angleterre, & par conséquent la source de ses richesses, & celle de la plus grande partie de ses manufactures ! A cet avantage joignons-en encore un autre ; c'est le fret & le cabotage, que le transport de nos grains occasionnera : il y a des Villes qui ne peuvent pas faire le commerce avec l'Amérique, en concurrence avec d'autres Villes du Royaume; on pourroit par des récompenses les engager à embrasser le cabotage qui seroit d'une grande ressource à l'Etat, soit en y apportant de l'argent, soit en formant des matelots.

Avant que d'entrer dans les détails, je ne puis m'empêcher de donner un exemple , qui fert à prouver que la liberté entiere du commerce du bled ne peut être dangereufe : c'eft celui de l'avoine ; nous ne voyons jamais cette denrée fujette à des rehauffes par monopoles , parce que le commerce en eft parfaitement libre ; elle fe foutient à peu près au même prix , tant que les faifons n'y font point contraires , & que le bled ne renchérit pas d'une maniere fenfible. L'avoine dans les greniers n'exige aucuns foins ni aucunes dépenfes ; elle ne fouffre point de déchet. Si l'on m'objecte qu'il y a moins de chevaux que d'hommes , je répondrai qu'un cheval mange 15 feptiers d'avoine dans une année , tandis que chaque homme , l'un dans l'autre , ne confomme pas trois feptiers de bled : on récolte en France beaucoup moins d'avoine que de

bled : plusieurs Provinces où la culture se fait avec les bœufs ne pro-
duisent point d'avoine : les terres
qui ne portent point de bled dans
ces Provinces restent en friche , elles
se couvrent d'herbes & fournissent
un paturage pour les bœufs. Dans
les Pays où la culture se fait avec
les chevaux , on ne seme pas en
avoine autant de terre qu'on en seme
en bled : un tiers au moins des terres qui sont destinées à la production
des *Mars* , sont semées en orge ,
pois , vesces , chanvres & autres
graines qui se sement en Mars : d'ailleurs le même arpent de terre qui
produit six septiers de bled , n'en
produit gueres que trois en avoine.
La récolte de l'avoine étant moins
forte que celle des bleds , & le prix
étant plus foible , il seroit plus facile à des compagnies de se rendre

maîtreſſe de cette récolte que de celle
du bled ; la liberté du commerce de
l'avoine a prévenu cet inconvénient :
pourquoi donc crainderions-nous cette liberté pour celui du bled ? Les
augmentations dans le prix de l'a-
voine ne reſſemblent en aucune fa-
çon à celles que nous voyons tous les
jours ſur les bleds : celles ſur l'avoine ne ſont conſidérables que lorſque
les récoltes ſont manifeſtement mauvaiſes. Il eſt vrai que depuis quelques
années l'avoine eſt devenue beaucoup plus chere qu'elle n'étoit autrefois ; mais cette augmentation de prix
étant à peu près la même depuis pluſieurs années , elle ne peut être regardée comme la ſuite d'un monopole. Le renchériſſement qu'occaſion-
ne cette cupidité ſans bornes, ne peut
ſe ſoutenir longtemps, parce qu'il
eſt trop conſidérable ; d'ailleurs il

n'eſt perſonne qui , après un inſtant
de réflexion , ne voye la raiſon de cette augmentation dans le prix de l'a-
voine : le nombre des équipages s'eſt
conſidérablement accrû dans les Villes , & le luxe dans cette partie
fait tous les jours de nouveaux progrès , ſurtout à Paris d'où nous par-
tons trop ſouvent dans nos calculs.

Ajoutons encore à cet exemple
un argument triomphant pour la liberté du commerce des grains : c'eſt
l'Arrêt du Conſeil d'Etat du 5 Juin
1731 , ſur la culture des vignes.

Le Gouvernement qui a craint juſ-
qu'ici d'affamer le Royaume en ac-
cordant une liberté entiere ſur le
commerce des grains , vit en 1731
combien cette liberté dans le commerce des vins avoit multiplié les
vignes : il crut même que cette der-

niere culture iroit trop loin , &
anéantiroit celle des bleds fi l'on
ne l'arrêtoit par des Réglemens qui
ne pouvoient être qu'onéreux aux
particuliers en pareil cas , mais que
cette crainte lui fit regarder comme néceffaire. En conféquence il in-
fligea par cet Arrêt des amendes confidérables contre ceux qui planteroient de nouvelles vignes , ou qui
cultiveroient celles qu'ils auroient
abandonnées pendant deux ans. Un
arpent de vigne coûte cher à plan-
ter, à fumer & à cultiver, & ne produit
rien pendant quelques années. Il n'eft
point de récolte plus incertaine que
celle des vignes , parce qu'il n'eft
point de production de la terre plus
expofée aux imtempéries des faifons,
& qui en foit plus dépendante. Il
eft bien des Etats qui ne récoltent
point de vin , au lieu qu'il n'eft point

dé Pays habité en Europe , qui ne
produiſe des bleds : mais parmi ceux-
même où l'on récolte des vins ,
combien en eſt-il qui ne peuvent ſe
paſſer des nôtres , ſoit qu'ils n'en
ayent pas une ſuffiſante quantité, ſoit
que leur qualité ne permette pas d'en
faire une boiſſon ordinaire ? Auſſi
preſque toute l'Europe achete des
vins de nous. Les droits que le Roi
tire d'un arpent de vigne ſont infiniment plus forts que ceux qu'il tire
de pluſieurs arpens de bled. La liberté du commerce des vins a triom-
phé de tous ces obſtacles & a porté
ſi loin cette production , que malgré
toutes les raiſons que nous venons
d'expoſer , & qui devoient naturelle-
ment nous faire craindre de manquer
de vin , nous nous ſommes crus obligés de prendre des précautions au
contraire pour reſtraindre la quan-

tité des récoltes. Comment, après
un pareil exemple, pourroit-on
avoir la plus legere inquiétude sur
la liberté du commerce des bleds !
N'arrachons plus les vignes pour faire place aux bleds : au lieu d'amendes contre ceux qui planteroient des
vignes, donnons au cultivateur du
bled la même liberté & les mêmes
facilités : le cultivateur & le vigne-
ron auront les mêmes motifs de confiance, & les mêmes dégrés d'ému-
lation ; le plus ou le moins de consommation, le commerce le plus étendu, le plus nécessaire & le plus facile, fixera sans effort le nombre &
la quantité de terres que chacune de
ces productions doit occuper : que
la liberté soit égale & nous n'avons
plus rien à craindre.

» Le prix, dit M. Herbert (*),

____

(*) C'est au zéle de M. Herbert pour le bien

» cet équitable arbitre de toutes cho-
» ſes , toujours la balance en main ,
» montre aux humains attentifs la
» meſure & la récompenſe de leurs
» travaux , il dirige leurs vues , &
» regle toutes leurs occupations. Lui
» ſeul ſans aucun autre ſecours , ſçait
» fixer les quantités de chaque pro-
» duction , il les proportionne & les
» diſpenſe relativement aux deman-
» des & aux beſoins ; mais il ne
» veut être ni captif ni contraint.
» Le cultivateur marche ſans peine à
» ſa ſuite quand il n'eſt point affecté
» par la crainte des Réglemens. Reſ-
» traindre le commerce des bleds à
» l'intérieur ſeulement , laiſſer libre

public ; que nous devons le premier ouvrage qui
ait attiré l'attention du Gouvernement ſur la
matiere intéreſſante de la liberté du commerce
des bleds. Cet ouvrage a occaſionné l'Arrêt du
Conſeil de 1754 , qui permet ce commerce dans
le Royaume.

B

» celui des vins, arracher les vignes,
» c'est emmailloter l'un, laisser croî-
» tre l'autre, & le mutiler ensuite
» pour les rendre égaux «.

L'intérêt seul, si on le laisse en liberté, suffit pour établir & graduer
les proportions.

» Ne souhaitez jamais que le la-
» boureur donne des grains à un prix
» qui lui soit onéreux. Vous provo-
» quez la disette dont vous voulez
» vous garantir. N'arrachez point les
» vignes pour faire place aux grains,
» vous ne ferez qu'augmenter nos
» friches. Si vous ne payez les grains
» leur juste valeur, vous les payerez
» souvent trop cher, souvent vous
» en manquerez. Si les vignes leur
» nuisent, traitez les bleds comme les
» vins, laissez-les se disputer la préfé-
» rence, donnez-leur le même essor ;
» la denrée dont on aura le plus de

» besoin, sera la plus profitable &
» prendra nécessairement le dessus :
» le soc aura bientôt tranché le sep
» superflu, & il ne lui cédera que le
» terrein qui convient le moins au
» bled «.

Entrons maintenant dans des détails qui tranquilliseront tout homme
raisonnable & libre de prévention.

La France contient trente mille
lieues quarrées, ou cent quarante
millions six cent quarante mille arpens, suivant le plus grand nombre des calculs (*) ; laissez-en la moitié pour les chemins, les eaux, les

(*) Suivant ceux de Monsieur Cassiny, où la
perche est de 22 pieds, il y a environ 130, 000,
000 arpens dans le Royaume. Mais j'ai pris l'autre mesure comme la plus ordinaire pour les terres ; celle de 22 pieds pour perche, est appellée
mesure de Roi, & est principalement d'usage pour
les bois dans les Maîtrises des Eaux & Forêts. Je
dois encore observer ici que toutes les fois que je
parle de septier, j'entends celui de Paris.

bâtimens, les bois, les prés, les vignes, pâturages, terres en friche, &c.
il restera 70, 320, 000 arpens :
mais pour ne point nous embarrasser
de fractions, & pour ôter de nos calculs quelques terres qui ne produi-
sent gueres que la semence, nous ne
compterons que sur le pied de 60,
000, 000, déduisons - en un tiers
pour laisser reposer les terres, & nous
aurons 40, 000, 000 d'arpens portans grains tous les ans ; de ces 40,
000, 000, nous devrions naturel-
lement déduire une moitié pour les
Mars, ce qui nous feroit 20, 000,
000 d'arpens , mais comme parmi
ces Mars on seme beaucoup d'orges,
de sarrasins & autres grains qui font
la nourriture des pauvres dans quelques Provinces, nous ne compterons
que sur le pied de 15, 000, 000
d'arpens , pour les grains qui ne sont

deſtinés qù'à la nourriture des animaux, & il nous en reſtera 25, 000,
000, qui fourniront des grains pro-
pres à faire du pain. Il faut trois
quarts de ſeptier pour enſemencer
un arpent, cette ſemence produiroit
à raiſon de cinq pour un, en calcu-
lant les bonnes avec les mauvaiſes
terres, trois ſeptiers & trois quarts,
ce qui feroit trois ſeptiers, la ſemence prélevée : perſonne ne peut trouver ce calcul trop fort, puiſque nous
avons exclu de notre ſupputation les
terres de la qualité la plus inférieure,
ainſi nous pouvons compter la production de toutes nos terres, l'une
dans l'autre, ſur le pied de trois ſeptiers nets par arpent, ſemence prélevée ; les 25, 000, 000 d'arpens
portans grains, dont on peut faire du
pain, nous produiront, ſuivant le calcul ci-deſſus, 75, 000, 000 de

feptiers : 16, 000, 000 d'habitans à trois feptiers par tête, n'en peuvent confommer que 48, 000, 000 ; par conféquent il doit nous refter 27, 000, 000 de feptiers par delà notre confommation. Si nous avons 2, 000, 000 d'habitans de plus dans le Royaume ; 6, 000, 000 de feptiers fourniront à leur confommation ; ainfi il nous en reftera 21, 000, 000 de furabondance. Quand fur cette quantité de furabondance, nous en vendrions tous les ans 4, 000, 000 à l'Etranger, ce qui à raifon de 18 l. le feptier, introduiroit tous les ans 72 millions dans le Royaume, il nous refteroit 17, 000, 000 de feptiers que nous pourrions regarder comme fuperflus, nos calculs étant établis fur le produit le plus bas.

L'augmentation de la population, fuite néceffaire d'une augmentation de revenu dans l'Etat, nous rendroit la consommation de ces 17 millions de septiers bien profitable, puisqu'elle leur donneroit une valeur qu'ils n'ont pas aujourd'hui. Quand nous ne supputerions ces 17 millions de septiers de grains superflus que sur le pied d'une pistole, parce que nous avons supposé dans nôtre produit des sarrasins, de l'orge & d'autres grains de cette espece, nous assurerions par-là au Royaume 170 millions de revenu de plus qu'il n'a aujourd'hui ; mais cette augmentation de popula-tion augmenteroit certainement la culture des terres, qui à son tour aug-menteroit encore la population d'une maniere bien rapide ; ainsi le grand profit que l'Etat tireroit de la liberté du commerce des grains, ne consiste pas tant dans la valeur des denrées qu'on exporteroit, & dont on seroit

B iiij

rentrer le prix chez lui, que dans l'augmentation de la population de la consommation intérieure qui en est une suite nécessaire. Alors les grains de tous les fermiers, devenant plus considérables, leurs dépenses & leurs soins pour la fertilisation de leurs champs, croîtroient dans la même proportion, & augmenteroient au moins d'un septier par arpent le produit de nos terres, qui à raison de 18 liv. le septier, donneroient tous les ans au Royaume 360 millions. Pour l'augmentation d'un septier par arpent, de 20 millions d'arpens de terres ensemencées en froment, 50 millions pour la même augmentation d'un septier par chacun des 5 millions d'arpens que nous avons supposés ensemencés en sarrasin, orge, &c. ces deux sommes de 410 millions, jointes à celle de 170 millions pour

(33)

les 17 millions de feptiers qui, n'ayant point de valeur aujourd'hui , font confommés inutilement par des animaux qu'il feroit aifé de nourrir d'une autre maniere s'il y avoit du profit, & à celle de 72 millions pour la vente à l'Etranger de 4 millions de feptiers de notre froment ; nous aurons une augmentation annuelle dans nos revenus de 652 millions, que la feule liberté du commerce des grains nous auroit procurée. Ajoutons encore à ces gains le bénéfice que feroient nos marchands, & le fret que leur intelligence & leur économie leur feront enlever à nos voifins , & avec cette permiffion feule nous ferons entrer dans le Royaume, tous les ans , des fommes confidérables. Le laboureur encouragé par des profits dont la plus grande partie le regarde , cultivera des terres qu'il laiſſe en friche ; il employera des journaliers, & l'emploi des hommes devenant avantageux, leur nombre augmentera néceſſairement. L'abondance des moiſſons eſt redoutable aujourd'hui pour la plus grande partie de nos fermiers ; comment pourroient-ils travailler à nous la procurer, il n'y a qu'un très-petit nombre d'entre eux qui profitent de cette abondance, en faiſant ſervir leur aiſance à amaſſer des grains qu'ils ne revendent que quand ils les ont rendus trop chers par leurs manœuvres ? L'importation de grains étrangers par nos marchands, & leurs amas remédieroient à un abus dont les ſuites ſont auſſi étendues que funeſtes : le Roi ne ſeroit plus obligé de faire des dépenſes conſidérables pour venir au ſecours de ſes Peuples dans ces momens critiques qui n'exiſte-

ront même plus , quand les approvi-
sionnemens de nos marchands feront
perdre aux monopoleurs l'espoir d'u-
ne chérté , qui seule les fait exister.
Le cultivateur qui n'est pas fort riche , éprouve souvent l'indigence au
milieu de ses greniers pleins de bled ,
il ne trouve personne à qui le vendre ,
il ignore les Provinces & les Pays où
il en trouveroit le débit , & d'ailleurs
il ne pourroit quitter pour l'y con-
duire les travaux journaliers qu'exige la culture des terres. Bien différent du marchand , que ces objets oc-
cupent uniquement , il est , pour ainsi
dire , forcé de voir avec douleur une
belle apparence de moisson. Les ouvriers qui lui seroient nécessaires pour
les travaux de ses campagnes , trou-
vant dans le salaire de deux jours dequoi subsister toute la semaine , se
laissent aller à une paresse qui n'est

malheureufement que trop naturelle
aux hommes : il faudroit pour les tirer de cet état d'inaction , un appas
de gain que ce cultivateur eft hors
d'état de leur préfenter ; ainfi , ou il
laiffe en friche une partie de fes terres,
ou il les occupe de productions qui
ne font pas à beaucoup près fi profi-
tables à l'Etat ; mais dont il eft plus
affuré de tirer avantage , parce que
le débit n'en eft pas gêné ; c'eft ainfi
que nous tariffons la fource de nos
véritables richeffes.

Le moyen fimple de la liberté
d'exportation, fut le principal reffort
qu'employa M. de Sully pour payer
en treize ans les dettes du Royaume,
pour diminuer les impôts & former un
tréfor public. Il difoit que fans cette
liberté , les Sujets n'auroient point
d'argent , & le Roi point de revenu :
il ne craignit pas que la liberté du

commerce des grains causât des fami-
nes ; comment pourrions - nous le
craindre , nous qui avons vû que depuis ce sage arrangement , la France
fût plus de soixante années sans éprou-
ver aucune disette ? Si nous avons
encore besoin d'exemples pour prouver la réalité & la célérité des progrès de richesse & de population ,
procuré par les ressources de l'agriculture , & de la facilité du commerce de ses productions , jettons les
yeux sur les Colonies Angloises de
l'Amérique Septentrionale , qui avec
des commencemens foibles , & dans
des Pays si éloignés , sont parvenus
en peu de tems à défricher & à peu-
pler des déserts immenses , à bâtir de
grandes Villes , à former des Ports ,
à établir une navigation & un commerce fort considérables : il est im-
portant de remarquer que toutes les

tentatives ; faites en différens temps pour ces établissemens, ont manqué tant que les nouveaux colons n'ont eu pour objet que le commerce & la recherche des mines : mais que dès l'inftant qu'ils fe font donnés à l'agriculture, l'abondance, les richeffes, l'extrême population l'ont bientôt fuivie & fe font mutuellement foutenues : la population s'accroît par l'augmentation des richeffes, & l'accroiffement des richeffes fe perpétue par l'augmentation de la population & de la confommation qui en réfulte.

En France le feptier de bled coûte au fermier, pour les frais, fermage & impofitions, environ 15 l. ; calculons maintenant le produit d'un arpent de terre, pendant cinq années, & voyons ce qu'il en tire dans les meilleurs terreins, Il récoltera fur cet arpent :

Dans une année
abondante   7 ſept· à 10 l. 70 l·
bonne   6·   à 12·   72
médiocre   5·   à 15·   75
fóible   4·   à 20·   80
mauvaiſe   3·   à 30·   90

TOTAL 25 ſeptiers dans les cinq années, ce qui fait cinq ſeptiers par an. Les 25 ſeptiers vendus aux diffé-rens prix ci-deſſus,

produiſent . . . . 387 l.

Et les 387 liv. par-tagés par 25 donnent   15 l. 9 ſ. 6 d.

Ainſi le gain du cul-tivateur n'eſt que de . . . 9 6

par ſeptier; ce qui n'eſt pas ſuffiſant pour le dédommager des accidens qu'il a à ſupporter, & pour faire les dépenſes d'une bonne culture : auſſi l'agriculture languit, & les revenus des terres s'anéantiſſent. Par l'expor-tation permiſe en France, les bleds ne feroient ni à fi bon marché dans certains tems, ni fi chers dans d'autres. En Angleterre, depuis que l'exportation y eft permife, le prix des bleds ne varie que de 18 à 22 liv. il eft à préfumer que fi elle l'étoit de même en France, le prix des grains ne feroit que de 16 à 20 liv. c'eft une fuite néceffaire de l'étendue & de la fertilité d'une partie de notre fol. Supputons maintenant nos cinq années ci-deffus fur ce pied.

Année abondante	7 fept.	à	16 l.	112 l.
bonne	6	à	17	102
médiocre	5	à	18	90
foible	4	à	19	76
mauvaife	3	à	20	60

Le produit des 25 feptiers dans cette hypothefe, feroit de 440 liv. au lieu de 387 liv. les 440 liv. par-

tagées par 25 septiers, nous donnent à-peu-près 17 liv. 13 sols par
septier. Ainsi le cultivateur dans cette supposition gagneroit 2 liv. 13 s.
par septier ; ce gain seroit égal pour
tous les fermiers ; aujourd'hui il n'y
a que ceux qui peuvent mettre dans
leurs greniers plusieurs récoltes, &
attendre un débit plus avantageux,
qui trouvent la récompense de leurs
travaux. Le grand nombre obligé de
vendre de bonne heure & à bas prix,
languit misérablement, & rend la vie
pénible de l'agriculteur, redoutable.
Les marchands de bled devenus conservateurs des grains, à la place des
gros fermiers, ne pourroient, comme eux, dans certaines saisons, faire
hausser considérablement le prix des
bleds, en ne les faisant filer que petit à petit de leurs greniers dans les
marchés, & en rendant par - là les

autres habitans de leurs Provinces
misérables. Si les Marchands de bled
faisoient augmenter d'une maniere
sensible le prix du grain dans une
Province, l'appas du gain feroit arriver dans l'instant celui des marchands
des autres Provinces en si grande
abondance, que ces premiers coure-
roient risque de ne plus trouver à
vendre le grain qu'ils ont dans leurs
greniers ; ainsi sans pouvoir être nui-
sibles, les marchands empêcheroient
les gros fermiers de faire des fortunes rapides ; mais rendant le prix du
bled plus égal en tout tems, ils pro-
cureroient des profits à ceux qui sont
obligés de vendre de bonne heure,
ils les mettroient en état de payer
des ouvriers, d'augmenter la culture de leurs terres, & par conséquent
leur production : on cultiveroit des
terres qui sont en non-valeur, le re-

(43)

venu des propriétaires augmenteroit ;
ainsi ces propriétaires seroient en état
de faire plus de dépense, cette dépense augmenteroit les travaux, les
travaux produiroient des salaires qui
augmenteroient la population ; l'augmentation de la population augmenteroit la consommation dans le Royaume, & contribueroit au progrès de
la culture : ainsi l'exportation en ti-
rant le plus grand nombre des laboureurs de l'indigence, procure
l'accroissement de la population, l'a-
bondance & la prospérité d'un Etat.

Faisons voir maintenant que le
consommateur sur lequel le laboureur tire ce bénéfice, n'est nullement
lezé. Le défaut de prévoyance de
quelques-uns des consommateurs &
celui de faculté dans la plûpart, les
empêchent de s'approvisionner dans
les bonnes années, & comme ils n'a-

chetent qu'au jour le jour , s'ils profitent du bas prix , ils font obligés de
fupporter les rehauffes : ainſi en fai-
fant un prix commun de ce que leur
coûte maintenant le bled en cinq ans,
nous trouverons qu'il leur revient à
17 liv. 8 ſ. & l'exportation permiſe , il ne leur reviendroit qu'à 18 liv.
Pour prouver ce que j'avance , fai-
ſons la fupputation fuivante, aux mêmes prix établis ci-deſſus.

Dans une année abondante , un
féptier

leur coûte . . . . 10 liv.
dans une bonne 12
dans une médiocre . . . 15
dans une foible 20
dans une mauvaiſe . . . 30
____

Ce qui fait pour les 5 féptiers 87 liv.
dont le cinquieme prix commun du
féptier eſt 17 liv. 8 ſ.

L'exportation permife, dans l'année abondante le feptier
coûteroit. . . . . 16 liv.
dans la bonne 17
dans la médiocre 18
dans la foible 19
dans la mauvaife . . . 20
Ainfi ces mêmes cinq ——————
feptiers coûteroient . . . . 90 liv.

Le cinquieme de 90 eft 18, ainfi
le confommateur ne payeroit le bled
que 12 fols par feptier plus cher qu'il
ne le paye maintenant, & cependant
le cultivateur auroit par chaque feptier de bled 2 liv. 13 fols de plus
qu'il n'a aujourd'hui, & qui tourne-
roient en entier à fon bénéfice.

Je dois encore faire ici une obfer-
vation fur le bénéfice du laboureur :
devenu plus riche, il fera en état
d'acheter des beftiaux & de fumer

fes terres; pour lors fes profits de-
viendront très-confidérables; indé-
pendamment de ceux qu'il fera fur
fes beftiaux, l'engrais des terres doit
augmenter de plus d'un feptier le
produit d'un arpent; mais en ne fup-
pofant que ce feptier d'augmentation, il tourne en entier à fon profit,
parce que cet excédent de production n'a nullement augmenté les frais
de culture. L'exportation étant permife, le laboureur verra avec grand
plaifir l'abondance des fes moiffons,
& il prendra tous les moyens poffibles pour fe la procurer. Dans l'année abondante l'arpent lui produira
112 livres, & dans la mauvaife, il
n'en tirera que 60 livres; fon intérêt perfonnel le portera donc à prendre tous les moyens poffibles pour fe
procurer une bonne recolte, & pour
en éviter une mauvaife : aujourd'hui

ce même arpent dans une année abondante ne lui produit que 70 livres,
tandis qu'il en retire 90 liv. dans la
mauvaise. La seule liberté du débit
du bled procurera tous ces avantages. Maintenant quand le bled re-
gorge dans toutes les Provinces, on
fait sentir au Gouvernement la nécessité d'en laisser sortir hors du Royaume, & on accorde cette sortie pour
un tems limité : tous les greniers s'ouvrent à l'instant, & le propriétaire
ravi de trouver enfin un prix quel-
conque, d'une marchandise qui lui
étoit inutile & qui dépérissoit tous
les jours, se hâte de la vendre : mais
à qui ? souvent à des compagnies
formées par la cupidité qui abusent
de l'empressement du vendeur, de la
multitude des greniers qui s'ouvrent
à la fois & du court espace de tems
que la permission doit durer pour

acheter à bon marché le même grain
qu'ils nous revendent souvent fort
cher peu de temps après ; ainsi le
Royaume se dégarnit de grains vendus à un prix si bas, que celui qui l'a
recolté y perd une partie de ses avan-
ces. Le peu de débit du bled avoit
déja déterminé le laboureur à diminuer la quantité de terres qu'il ense-
mençoit en bled ; si la recolte sui-
vante n'est pas abondante, il est nécessaire que le bled devienne très-
cher dans le Royaume ; pour lors
le manœuvre qui n'a que son travail
pour fournir à sa subsistance & à celle de sa famille, se trouve forcé de
s'offrir à bas prix, parce que la cherté du grain met un plus grand nombre d'hommes dans la nécessité de
travailler ; & comme dans ce cas le
gain du chef de famille n'a plus de
proportion avec ses dépenses, & qu'il

ne

ne peut y suffire , il est nécessaire qu'un grand nombre de personnes tombent à la charge de l'Etat , & viennent remplir nos Hôpitaux , soit comme indigens , soit comme malades par le défaut d'alimens , & par un travail forcé.

Le Gouvernement allarmé de la position où se trouve le Royaume , chargé des commissionnaires de l'approvisionner ; quelque dignes qu'ils soient de son choix , leur qualité de commissionnaires du Gouvernement annonce la disette , effraye le propriétaire qui ferme ses greniers , intimide les forains & les écarte : il seroit plus simple & moins coûteux , quand cette disette seroit urgente , d'annoncer une gratification à tant par mesure, payable comptant, au lieu du dépôt à quiconque feroit une importation : c'est principalement par

ce moyen, qu'en 1757 M. de Brou
Intendant de Rouen, fit cesser en peu
de temps dans sa Province une chereté de grains, qui, sans l'activité de ses
soins & la sagesse de ses mesures, auroit occasionné une famine. Si nous
avions eu des marchands de bled
dans le Royaume, cette chereté
n'eut pas existé : car tandis que le
bled étoit à un si haut prix en Normandie, il étoit pour rien en Berry ;
cette Province en regorgeoit, ses
greniers étoient pleins même sur les
bords des petites Rivieres qui l'auroient porté sans frais sur la Loire,
& par conséquent avec bien de la
facilité & peu de dépense dans toute
la Normandie. Avec des marchands
dans le Royaume, les plus mauvaises
années ne coûteroient au Gouvernement que quelques légeres gratifications. Par cette seule & modique

dépenfe , on verroit bientôt arriver
de tous côtés les grains de l'Etranger;
une foule de marchands attirés par
la récompenfe , s'empresseroient de
fournir des bleds dont le prix dimi-
nueroit par l'effet de la concurrence.
En 1740 , M. Orry fit venir pour
treize millions de bled ; il n'en ven-
dit point & ces bleds germerent ,
parce qu'à l'arrivée de ce fecours , les
magazins particuliers s'ouvrirent : fi
nous avions eu des marchands de
bled établis en 1740 , le Roi auroit
épargné cette dépenfe, ou pour mieux
dire , la difette qui l'a occafionné
n'auroit point exifté ; d'ailleurs on
fe garantiroit par-là de l'inconvénient de vivre de bleds de mauvaife qualité. On éviteroit les murmu-
res bien ou mal fondés d'un peuple
qui fe plaint toujours , lorfqu'il n'a
pas le choix de la qualité , & que

le prix est fixe : la multitude est dé-
raisonnable , & imagine que si on la
soulage quand elle a faim , ce n'est
point gratuitement : souvent ses mur-
mures & ses insultes tombent sur celui qui fournit à ses besoins. Une gratification publique,payée sur le champ
à tout marchand qui ameneroit du
bled , appaiseroit les soupçons , la
crainte & la faim du peuple , & coûteroit infiniment moins cher que des
achats faits au nom de l'Etat ; mais
cette gratification même né doit être
regardée que comme un remede vio-
lent dans une extrême nécessité , qui
n'existera jamais quand le commerce
des grains sera parfaitement libre ;
parce que d'un côté , cette liberté
augmentera le nombre des arpents
de terres cultivées en bled, & que de
l'autre elle fera naître une multitude
de marchands de bled, dont le grand

nombre doit raſſurer ſur les craintes
de la connivence & du monopole.
L'intérêt de ces marchands les
conduira à tenir le bled ſur le même pied dans toute l'Europe, parce qu'ils tireront perpétuellement du
Pays où il ſera à bon marché, pour
porter dans celui où il ſeroit plus
cher. Comment pourrions-nous avoir
aujourd'hui de véritables marchands
de bled ? un homme ſenſé qui cal-
cule, n'achetera jamais une mar-
chandiſe ſujette à beaucoup d'accidens, s'il n'enviſage qu'il en pourra tirer tous ſes frais, & même du
bénéfice. Or comment pourra-t-il
s'en flatter, s'il penſe qu'il pourra être gêné dans ce débit, & qu'il
ne ſera pas maître d'envoyer ſes
grains au dehors, lorſque cela pourra remplir ſes vues & convenir à
ſes intérêts ? Ce n'eſt ni par permiſ-

sion ; ni par force , que l'on peut faire naître des marchands & des magazins , c'est par l'appas seul du bénéfice. Lorsque le bled sera à bon compte , les marchands débarasseront le laboureur de celui qu'il ne pourra pas garder & qui se gâte aujourd'hui chez lui , ou qu'il fait consommer inutilement à ses bestiaux : ils mettront ce surplus en magazins. Si le bled hausse en France, nos marchands aimeront mieux nous le vendre que de le porter au dehors , parce qu'il y a moins de frais, moins de risque , & que l'argent est plus présent. Tous les magazins nous feront ouverts sitôt qu'il y aura du profit. Si le bled se vend mieux chez l'Etranger , nos marchands ne manqueront pas de l'y envoyer , & le bénéfice qu'ils feront , sera un bénéfice pour l'Etat. Encouragés par cet-

te valeur nouvelle qu'ils introdui-
ront dans le Royaume , à continuer
le métier de conservateurs de grains ,
il ne peut plus y avoir de difette ;
mais quand on fuppoferoit que plu-
fieurs mauvaifes récoltes confécuti-
ves feroient hauffer le prix du bled
en France , quelle reffource dans ce
cas que cette multitude de pour-
voyeurs entendus qui veillent fans
ceffe au prix des grains , tant nationnaux qu'étrangers ? Il n'eft pas dou-
teux qu'ils auroient prévû le mal ,
& qu'ils auroient dans leurs greniers fuffifamment de grain pour le
befoin de l'Etat ; mais quand même
ils n'en auroient pas toute la quantité néceffaire , avec quelle diligence & quelle économie n'en fe-
roient-ils pas venir du lieu où il eft
le moins cher ? Cette diligence &
cette économie font la fcience

& les revenus des marchands. Le
moyen le plus sûr de faire tomber
les monopoleurs , est d'avoir des
marchands , parce que d'un côté ,
ils empêcheront le bled de tomber à
un prix assez bas pour exciter la
cupidité des monopoleurs , & que
de l'autre , les sages approvisionne-
mens que ces marchands auront toujours dans leurs greniers ôteront
tout espoir à ces fléaux d'un Etat ,
de faire naître des disettes dans les
Provinces , pour se procurer un débit avantageux de leurs grains. D'ailleurs le Ministere peut s'ôter toute
inquiétude sur les dangers que les
ennemis du bien public voudront lui
faire envisager dans cette liberté du
commerce des grains , en défendant
d'en laisser sortir quand il sera au-des-
sus d'un certain prix , comme 24 liv. ,
& en mettant une taxe sur celui qui

fera vendu entre 20 & 24 liv. , 1 liv.
par exemple , fur chaque feptier qui
feroit vendu 21 livres , 2 livres fur
celui qui feroit vendu 22 liv. , 3 liv.
fur celui de 23 liv. , & 4 liv. fur celui
de 24 liv. Avec cette précaution &
celle de charger des hommes en qui
le public ait confiance , & dont l'ori-
gine , l'état & le défintéreffement
foient également connus , de veiller
fans ceffe fur un objet auffi impor-
tant que celui de notre agriculture
& de notre commerce des grains , &
d'acquérir, de concert avec Meffieurs
les Intendans des Provinces , des
connoiffances exactes fur le produit
de toutes les terres du Royaume
& fur la confommation des habitans,
il n'eft pas poffible qu'il refte la plus
légere inquiétude, même à ceux qui
feroient les plus prévenus contre cette liberté : de plus, ces connoiffan-

ces seroient fort utiles au Gouvernement, lorsque le Roi a quelques marchés à faire, soit pour l'approvisionnement de ses troupes, soit pour quelques autres objets de la même importance.

Comme il seroit très-intéressant pour les marchands de grain, que le produit de nos terres augmentât, puisqu'il augmenteroit l'objet de leur commerce, il ne seroit pas difficile de les engager à donner tous les ans une petite somme entiérement volontaire, & qui seroit totalement employée à former des récompenses qui seroient distribuées tous les ans dans chaque Province à ceux qui par leurs soins auroient récolté les bleds de la meilleure qualité, & à ceux qui auroient défriché plus de terres incultes, & qui les auroient remises en valeur : il seroit juste que pendant quelques années ; ces terres remifes en valeur fuſſent exemptes de tous impôts. Pour animer une opération ſi eſſentielle, il feroit bien utile d'établir dans chaque Ville un peu conſidérable, une eſpece d'Académie d'Agriculture, compoſée de perſonnes choiſies dans tous les Etats ; ces Académies encourageroient les travaux des habitans de leur canton, ſoit par les récompenſes dont nous venons de parler, qu'elles feroient en état de diſtribuer avec juſtice, parce qu'elle feroit à portée de connoître exactement ceux qui les méritent ; ſoit par des obſervations ſur la nature du ſol & ſur les denrées qu'il peut produire en plus grande abondance, & avec plus de profit pour le cultivateur ; chacune de ces Académies feroit valoir quelques arpents de terres de différentes natures, afin d'appuyer ces obſervations de l'exemple qui a bien plus de crédit ſur l'eſprit des hommes qu'il s'agit d'inſtruire, que tous les raiſonnemens.

Si je n'ai pas le mérite d'avoir dit dans ce petit ouvrage des choſes nouvelles, & dignes de la protection du Gouvernement & du vœu du Public, au moins aurai-je la ſatisfaction d'avoir encore donné une preuve de mon zele pour le bien de ma Patrie.

J'ajouterai ici un fait qui ſuffiroit ſeul pour démontrer que l'abondance eſt la ſuite néceſſaire de la liberté. M. de Sully, voyant que le prix des grains étoit exceſſivement variable, & que la valeur du ſeptier de bled montoit quelquefois à celle du marc d'argent (c'eſt-à-dire à environ 1 ₺ liv.) ouvrit les Ports pour ce commerce, & la ſeule liberté d'importation & d'exportation animant notre agriculture, rendit le bled ſi commun en France, que ſon prix baiſſa en très-peu de temps de plus de moitié : cette abondance nous donna tant d'avantage ſur les étrangers, pour la vente de cette denrée, que Thomas Culpepe, qui a donné un Ouvrage eſtimé ſur le commerce en 1621, ſe plaint amérement dans ſon Livre, que le bled de France ſe vendoit à ſi bon marché en Angleterre, que les habitans du pays ne pouvoient donner celui qu'ils recoltoient au même prix.